AF494500

LE PETIT MANUEL

DES

BERGERS, PORCHERS, VACHÈRES,

ET DES FILLES DE BASSE-COUR.

PAR M. **FRANÇAIS** (DE NANTES).

Se distribue gratuitement

AUX ABONNÉS DE

LA SENTINELLE DU PEUPLE,

FEUILLE POLITIQUE, AGRICOLE ET INDUSTRIELLE

A 12 FRANCS PAR AN,

Rue des Francs-Bourgeois-St.-Michel, N°. 8.

AVRIL 1831.

PARIS. — IMPRIMERIE ET FONDERIE DE FAIN,
RUE RACINE, N°. 4, PLACE DE L'ODÉON

LE PETIT MANUEL

DES

BERGERS, PORCHERS, VACHÈRES,

ET DES FILLES DE BASSE-COUR.

AVIS AUX BERGERS

DES TROUPEAUX A LAINE.

La profession de berger est la plus ancienne et la plus honorable qu'il y ait au monde, et si l'on en croit l'histoire, on a vu jadis des rois, et même des dieux, occupés à garder leurs troupeaux. C'est sans doute à cette noble origine qu'il faut attribuer la création de l'ordre des *Toisons*, qui sont ainsi devenues les insignes des plus hautes dignités. On doit sans doute aussi lui attribuer la qualification de *bon pasteur* que l'on donne à ces curés respectables qui s'occupent plutôt de soigner leurs brebis que de les tondre, qui laissent les agneaux bêler toute la semaine, et les béliers sauter le dimanche. Cette noble profession exige beaucoup de connaissances, celles de garde ou de conducteur, d'herboriste, nourrisseur, appareilleur, accoucheur, opérateur, pharmacien, tondeur, etc. Le proverbe dit · *Tant vaut le berger, tant vaut le troupeau.*

En votre qualité de conducteur de troupeau, vous ne devez le conduire aux champs que lorsque la rosée du matin est dissipée; éviter les chemins fangeux, les lieux marécageux ou simplement humides, les herbages trop succulens et nourrissans, les clairières de bois qui conservent trop long-temps l'impression de la gelée blanche et du froid; et enfin ne le faire paître que dans les lieux les plus élevés, les plus secs et les plus aérés, dans lesquels croissent naturellement l'avoine élevée, la fétuque des brebis, la pimprenelle qui fortifie le troupeau, le sainfoin sauvage et les graminées, qui viennent en terre sèche et maigre.

Vous devez conduire votre troupeau lentement, le laisser aller, venir, vaquer à sa fantaisie dans les lieux où il ne peut faire de dommage; le retenir plutôt que de hâter, parce qu'une marche trop vive fatigue les agneaux et nuit à leur accroissement, donne trop de chaleur aux moutons, et fait quelquefois avorter les brebis pleines. La bête ovine est timide et imitative. Un coup de fusil, l'explosion du tonnerre, les cris, les aboiemens inaccoutumés d'une meute, l'apparition du loup, lui cause des frayeurs quelquefois mortelles. Si, durant un accès de terreur panique, la bête qui est en tête du troupeau vient à se précipiter, toutes vont l'imiter, à moins que le berger, assisté de quelques autres personnes, ne se jette à travers.

Ceux de vos chiens qui ont la mauvaise habitude d'attaquer la bête par l'oreille, le pied ou la queue, doivent être désarmés de celles de leurs dents qui sont placées sur le devant. Les morsures que font les chiens donnent naissance à des plaies que des insectes enveniment en y déposant leurs œufs, qui, durant les saisons chaudes, deviennent des larves et produisent la gangrène. L'espèce ovine veut une température moyenne. Comme elle est vêtue chaudement, elle craint beaucoup plus le chaud que le froid. Cette considération doit déterminer un berger attentif à placer, durant les chaleurs de l'été, son troupeau à l'ombre, depuis midi jusqu'à quatre heures. Les bêtes, en plaçant leur tête, lorsque le soleil est ardent, sous le ventre les unes des autres, semblent elles-mêmes implorer cette grâce. Cette situation, forcée par l'ardeur du soleil, leur est préjudiciable. Elles s'échaufferaient moins sous les rayons solaires que sous les toisons.

Comme grand-maréchal du palais pastoral, c'est à vous qu'il appartient de veiller à ce que l'habitation soit spacieuse, commode, salubre et bien aérée; et si vous apercevez que la température y soit trop élevée, et qu'il s'y répande une odeur d'ammoniaque, c'est un avertissement pour vous de redoubler de soins, en élargissant les ouvertures extérieures, en établissant des courans d'air, en faisant enlever les litières, et jusqu'aux parquets eux-mêmes, pour en substituer de nouveaux.

La race ovine, comme toutes les espèces ruminantes, étant essentiellement herbivore, lorsque l'hiver arrive et que les champs sont dépouillés de verdure, il faut, par de sages gradations, ménager le passage de la nourriture verte qu'elle aime à la nourriture sèche qui l'échauffe, et lui servir à l'étable des choux cavaliers ou frisés, et des betteraves, dont le feuillage résiste long-temps à l'action des gelées. Il faut leur servir des rameaux d'orme, de bouleau, d'*acacia inermis*, qui conservent leurs feuillages tout l'hiver, lorsqu'on les a coupés immédiatement après la séve d'août. La nourriture sèche altère beaucoup l'animal, elle l'excite à de fréquentes et abondantes boissons qui nuisent à sa santé. Durant l'hiver, on doit donner deux repas au troupeau, à raison de quatre livres de chou vert, ou bien de deux livres de fourrage sec, par tête et par jour. Durant les premiers froids, on leur donne de la paille de froment qu'ils aiment médiocrement, puis de la paille de seigle qu'ils aiment un peu plus, et enfin de la paille d'avoine qu'ils préfèrent à toutes les autres; mais on doit s'abstenir de leur donner de la paille d'orge, dont les barbes leur blesseraient les papilles nerveuses du palais ou de la langue. Si, dès le commencement de l'hiver, on leur donnait les mets les plus friands, ils rebuteraient par la suite les mets les plus grossiers qu'il faut cependant consommer faute d'autres. Un mouton constamment à l'herbage éprouve, à un faible degré, le besoin de boire. Le breuvage qu'il préfère est l'eau courante; il faut la lui présenter, mais sans le provoquer. Il sait mieux que le berger ce qui convient à sa santé. Lorsque l'eau est pure et limpide, il en boit jusqu'à quatre livres par jour durant l'hiver, tandis que, durant l'été, l'herbe verte l'humecte suffisamment. Le mouton mange beaucoup de neige, elle ne l'incommode pas, parce que l'état de réclusion et l'espèce de la nourriture l'échauffe ; tandis que, durant les chaleurs de l'été, une rosée froide lui donne la colique, parce qu'il se trouve dans un état de relâchement. On peut lui servir, durant l'hiver, des carottes, panais, raves, navets, pommes-de-terre, et la plupart des racines pivotantes ou tuberculeuses ; mais il leur préfère les grains, les graines de toutes les espèces féculeuses ou graminées, telles qu'elles se trouvent dans les bourres de foin, de trèfle ou de luzerne, dans les fonds de grenier, les pailles et poutils des fonds de grange, les colzas, œillettes, fèves, féverolles, vesces, pois, lentilles, haricots, lupulines et graines de lupin stratifiées dans l'eau, baies de genets, de bruyère, et les chaillats composés des tiges, feuilles et siliques des légumineuses grimpantes. Un peu de sel, donné tous les huit jours, durant l'hiver, excite leur appétit, facilite leur digestion, soit qu'on le leur donne en nature, soit en saumure dont on asperge leurs fourrages. Le sel préserve de beaucoup de maladies les bêtes à cornes, il est excitant et non nourrissant ; c'est par cette espèce de café que le troupeau doit terminer son repas.

L'espèce pécorale est polygame par sa nature, et par cela seul qu'elle produit plus de femelles que de mâles. On ne peut corriger cette loi. La raison veut que, dans l'état social, on tolère ce que l'on ne peut empêcher, et qu'on rectifie ce qu'on ne peut supprimer. Tout règlement qui va contre la nature des choses, toute loi contraire aux mœurs générales, est nécessairement impuissante, augmente les résistances et aigrit les esprits contre l'autorité. Pour que la vôtre soit toujours respectée, vous devez donc vous prêter aux besoins et aux instincts du peuple que vous avez à gouverner. Vous devez mettre tous vos soins et employer toute votre intelligence dans l'organisation d'un harem sagement combiné. Le bélier, qui en est le chef, doit avoir la tête grosse, le nez camus, les nasaux étroits, le front élevé, l'oreille longue, l'encolure large, le cou alongé, le râble large, le ventre grand, l'allure vive, le regard licencieux, la voix rauque et profonde, et l'odeur pénétrante.

Le rut se manifeste plus ou moins vite, suivant que le pays est plus ou moins chaud, que la saison est plus ou moins avancée, et la nourriture plus ou moins succulente ou échauffante. Dans les régions froides et situées au nord de la Loire, on doit donner à la brebis le bélier en septembre et en octobre, afin que les agneaux qui proviennent de cette alliance puissent naître en février ou en mars, ne soient pas exposés à des froids trop vifs, et que les mères puissent trouver, dans une nourriture printanière, un lait plus abondant et plus salubre. La gestation dure ordinairement cinq mois, en d'autres termes, cent cinquante jours. Le bélier est adulte dès l'âge de six mois, et il conserve sa faculté virile jusqu'au delà de huit ans; mais il ne lui faut donner la brebis que depuis dix-huit mois jusqu'à six ans. Celle-ci acquiert sa qualité adulte, et conserve sa puissance générative aussi long-temps que le bélier. On préfère toujours celui qui, n'ayant pas de cornes, demeure inoffensif dans le parc, celui qui a la laine la plus fine, la plus douce, la plus longue et la plus élastique. On connaît l'époque de la mise bas par la date de la saillie, et par les mouillures qui précèdent de quinze à vingt jours l'accouchement. Lorsque ce symptôme se manifeste, il convient de laisser les brebis à l'étable; mais il arrive quelquefois que, la brebis ayant reçu secrètement le bélier, on continue de la conduire aux champs sans se douter qu'elle soit pleine, et le berger doit prévoir le cas où il pourra arriver à la brebis d'accoucher dans les fossés, comme une nymphe de l'Opéra dans la coulisse. Un berger attentif doit donc être muni de tous ses instrumens, comme l'accoucheur attaché à un palais dans lequel il y a beaucoup de jeunes femmes. Si la bête en travail d'agneau a un accouchement laborieux, occasioné par un tempérament fort et nerveux, il faut lui ouvrir la veine. Si elle est d'une complexion délicate, et que la faiblesse de son tempérament lui refuse la force nécessaire pour la mise bas, il faut lui faire avaler un verre de cidre ou de piquette, et agir en même temps qu'elle, de manière qu'il y ait concordance, et non contrariété, entre le mouvement intérieur de la bête et l'assistance extérieure du berger. Si l'agneau se présente à la portière avec le bout du museau et les deux pieds en avant, et les deux jambes de derrière repliées sous le ventre ; c'est un accouchement naturel, et ce que le berger peut faire de mieux dans ce cas, c'est de laisser faire. Si l'agneau se présente mal, il doit, avec ses doigts désarmés de leurs ongles et humectés d'huile, chercher à rétablir les choses dans leur état naturel, et soigner l'issue du *délivre* sans vouloir trop le hâter, et en évitant surtout de le rompre. Quelques heures après la délivrance, on donne à la mère de l'eau blanchie avec de la farine d'orge ou d'avoine, ou avec de la recoupe. Afin que la mère allaite, il faut lui percer le pis, et en approcher les lèvres de l'agneau, s'il ne s'en approche pas de lui-même. Si la mère ne lèche pas le nouveau-né, il faut lui couvrir le corps de sel pour l'y déterminer. Si l'agneau meurt, on prend sa peau, on en couvre le corps d'un autre agneau qui n'a pas de nourrice, et par cette supposition de part on détermine presque toujours la mère à l'allaiter comme le sien. Il faut ensuite veiller à ce que la bête ne suce et n'avale en têtant des brins de laine qui, se réunissant sous une forme sphérique dans le canal alimentaire, l'obstruent et causent souvent la mort de l'individu. Le sevrage s'opère après deux mois d'allaitement. Avant cette époque, vous devez couper la queue à l'agneau, afin qu'elle ne se charge pas de boue dans les terres vaseuses, et qu'il ne se forme pas à son extrémité une boule qui lui donne dans les jambes, embarrasse et retarde sa marche. On mutile les agneaux deux jours après leur naissance, afin de rendre leur chair plus tendre et plus grasse, leur laine plus fine et leur caractère plus doux; il y a plusieurs manières de mutiler, soit en liant, bistournant ou extirpant. On coupe les agnelettes à six semaines, plus tard que les agneaux, afin que les ovaires soient assez gros pour qu'on puisse les distinguer et les enlever sûrement, et c'est ainsi qu'on forme des moutonnes connues dans le Midi, et des moutons connus partout.

Les lieux secs, montueux, aérés, conviennent mieux à la finesse des laines et à la santé des troupeaux que l'on ne veut pas engraisser; mais quant à ceux qu'on destine à l'engraissage, ils exigent des pâturages et des lieux humides. L'engraissage est une maladie passagère qu'on donne à ces bêtes pour en tirer un meilleur parti, et qui deviendrait mortelle, si on ne les vendait à l'époque où elle a atteint son dernier degré. Le trèfle et la luzerne engraissent promptement, mais ils donnent une graisse jaune. Le sainfoin offre le même avantage sans produire le même inconvénient. Du reste, le pâturage, dans les prairies naturelles et permanentes, produit toujours sur ces prairies un dommage considérable. Le bélier arrache l'herbe avec véhémence, le jeune agneau, avec son museau pointu, la saisit jusque dans ses racines.

On entretient un troupeau pour avoir des laines, des chairs, des suifs, des graisses, des peaux, et dans certaines montagnes, des fromages. La plupart des animaux éprouvent, lors du renouvellement des saisons, une éruption que l'on appelle mue. Le reptile quitte sa peau, l'insecte son corselet, le testacée sa coquille, le crustacée sa caparace, l'oiseau sa plume, le quadrupède son poil. Le mouton éprouve la même crise, produite par la même cause; une laine nouvelle pousse sous l'ancienne, qui tomberait ou demeurerait accrochée à tous les buissons, si on ne la tondait pas pour en profiter. Cette règle générale n'empêche pas qu'il y ait des béliers vigoureux qui conservent leur laine deux ou trois années; mais, cet exemple étant rare, l'exception confirme la règle. Pour que la laine soit estimée comme bonne, il faut qu'elle soit longue, douce, fine et élastique. On distingue trois espèces de laines: la mère laine, qui croît sur le cou et sur le dos de la bête; la laine seconde, que l'on tond sur les côtes du corps et sur la cuisse; la tierce laine, qui croît sur la gorge, le ventre, les jambes et la queue. Cette laine est la moins appréciée, parce qu'elle est moins exposée à l'air et au soleil, et parce que sa position l'expose à la poussière et à la boue qui s'y attachent. Le jarre est un poil dur et luisant, qui ne prend point la teinture, et qui se mêle en plus ou moins grande quantité avec la laine qu'il détériore. Le vice des bêtes jarreuses vient de race, de mauvaise nourriture ou de maladie. Quant au suif, c'est une graisse plus dense et plus fétide que la graisse ordinaire, et on a long-temps pensé que cette substance était particulière au mouton; mais on a depuis découvert que le bœuf, dans la texture de ses fibres, le porc dans son axonge, le dinde dans ses chairs, contiennent à divers degrés des parties de suif. Les bêtes à laine en fournissent d'autant plus qu'elles ont été mieux engraissées. Le suif a d'autant plus de prix qu'il a plus de densité. La chair du mouton a d'autant plus de saveur que les herbes dont on le nourrit ont plus d'arum, et les herbes sauvages ont d'autant plus d'arum, qu'elles respirent un air plus vital sur les montagnes, et qu'elles croissent sur un terrain plus sec. Le mouton normand, nourri dans des prés salés, est, à la vérité, très-gros, très-tendre et très-gras ; mais le mouton des Ardennes, celui des Alpes et des Cévennes, qui pèsent la moitié moins, ont la chair plus noire et plus savoureuse. On distingue l'engrais d'herbe et l'engrais de pouture. Le premier peut, sur un pâturage gras, s'opérer en trois mois, et conséquemment on peut faire trois engrais dans les neuf mois qui succèdent à l'hiver. L'engrais de pouture se distingue encore en engrais de grain et en engrais de fourrage sec et de racines coupées. On doit mettre le mouton à l'engrais lorsqu'il a trois ans. Plus tôt il n'a pas de goût, plus tard il est dur et rebelle à l'engraissage. On est parvenu au plus haut degré de l'engrais lorsque l'on voit s'élever, sur le dos de la bête qui y est soumise, de petites vessies pleines de graisse, et si l'on ne se hâtait de vendre ou de tuer le mouton parvenu à ce degré, il périrait par une maladie occasionée par l'infiltration de la graisse dans le tissu cellulaire. Quant aux peaux de brebis ou de mouton, il est reconnu que les meilleures sont celles qui, n'étant pas couvertes de laine, se sont fortifiées par l'action de l'air. Leur qualité relative est dans le degré de leur densité. Les peaux sont appelées creuses, lorsqu'elles ne sont pas compactes, et alors on les destine à faire des parchemins, ou bien on les vend à des tanneurs qui les passent en basane, à l'usage des bourreliers. Si elles sont franches, on en fait des maroquins.

Il existe diverses races qu'il est dans le devoir d'un berger de connaître et de distinguer, et cette connaissance est difficile, à cause des croisemens qui s'opèrent sur des espèces qui ont déjà cent fois croisées.

Les moutons sont sujets à beaucoup de maladies aiguës et de maladies chroniques. Dans le nombre des premières, on observe la maladie du sang ou l'apoplexie, pour laquelle il faut saigner promptement au bas de la joue, sur la veine qui est vis-à-vis de la quatrième dent; la météorisation du ventre, appelée par d'Aubenton *colique de panse*, provenant de nourriture verte et humide prise trop abondamment, et pour la guérison de laquelle il faut faire courir et tourmenter le malade jusqu'à ce qu'il se vide; et si l'évacuation est trop lente, on fait avaler au malade une dose d'ammoniaque. Parmi les maladies chroniques, on observe la cachexie, appelée *pouriture*, que l'on reconnaît à l'œil gras, à la couleur blafarde des lèvres, à la sabure blanche et limoneuse, à la sécheresse de la laine, à la diminution du suint. Comme cette maladie indique un dépérissement qui provient presque toujours de mauvaise nourriture, d'herbes marécageuses, ou de l'insalubrité de la bergerie, il faut y remédier par des fourrages, ou plutôt par des graines de bonne qualité et arrosées de sel, et par des opiats fortifians. Le *tournoiement* est l'un des symptômes le plus ordinaire et le plus fâcheux dans les troupeaux. On distingue le *tournis* qui est l'effet d'un vertige, et pour lequel il faut saigner ; le tournis qui provient d'une hydatide logée dans le cerveau, et auquel on remédie en perçant le crâne, ou en le brûlant extérieurement par un fer chaud qui tue, dit-on, l'hôte fâcheux renfermé dans le cerveau. Une autre espèce de tournis provient d'un œstre, insecte dyptère qui s'insinue dans les sinus frontaux pour y déposer des œufs qui deviennent des larves privées d'organes manducateurs, vivant par intus-susception sur le tissu muqueux auquel l'animal s'attache par deux crochets, de manière qu'il ne peut tomber, quoique le museau du malade soit tourné vers la terre. La mère de ces insectes, lorsqu'elle voltige dans les champs, porte la frayeur dans tout un troupeau ; il s'agite et cherche à s'en défendre, en cachant le museau en terre ou dans la laine. On parvient à guérir ou à soulager la bête par des injections dans le nez d'une infusion mondifiante ou d'une huile empyreumatique. Parmi les maladies contagieuses et pestilentielles, il faut placer au premier rang le *claveau* ou la clavelée, petite-vérole pécorale qui a son irruption, sa suppuration et sa dessiccation, comme la petite-vérole humaine. On prétend que les lapins et les dindons peuvent communiquer cette maladie aux troupeaux, et qu'il suffit pour cela qu'ils paissent dans un champ où des bêtes malades auraient déjà passé. Peu de bêtes échappent à sa malignité. On est peu d'accord sur le traitement, parce que, jusqu'à présent, tous ceux qu'on a essayés ont été insuffisans. Cependant on traite les bêtes molles avec des têtes d'ail et des poivres rouges, et les bêtes fortes avec des féverolles et des recoupes arrosées de sel marin et de nitre.

Un berger est tout-à-fait inexcusable, et il doit être congédié sans miséricorde, si la gale attaque une grande partie de son troupeau. Il y a toujours un premier galeux qui la communique à tous les autres. On le reconnaît comme tel quand il éprouve des démangeaisons qui l'obligent à se frotter sans cesse contre les râteliers, les haies et les arbres, et à s'écorcher le corps avec les dents et les pieds. On doit se hâter de mettre ce galeux à l'écart. Le remède le plus efficace contre cette maladie est aussi le plus simple et le plus à la portée de tous les bergers. Il consiste dans un onguent composé avec seize onces de suif et quatre onces d'huile de térébenthine. On frotte les parties galeuses sans les tondre; on se borne à écarter les flocons de laine que cet onguent rend plus fine et plus douce.

Votre équipage de parc doit être fort simple. Au lieu d'être peint en vert et de se confondre ainsi avec la couleur des pâturages, il doit être peint en un rouge foncé qui effraie les bêtes fauves. Il doit être léger, monté sur deux roues, avoir six pieds de long et quatre pieds seulement de large dans œuvre, afin que votre voisine ne soit jamais tentée de venir le soir vous y demander une hospitalité qui vous détournerait de vos devoirs, parce que vous ne pouvez vous occuper à la fois de la garde du loup et des soins que réclamerait la voisine. Votre cabriolet doit être garni sur chacune de ses faces de fenêtres vitrées, et il doit être constamment tourné vers le côté du bois par où débouche ordinairement le loup ; vos deux chiens placés à l'avant-garde comme sentinelles perdues. Il doit être surmonté d'une cloche, indispensable pour sonner l'alarme quand la bête fauve paraît, et d'une lanterne dont la lumière effraie à la vérité fort peu les loups expérimentés à la guerre, mais en impose aux louveteaux qui entrent pour la première fois en campagne. Vous devez être armé d'un fusil de calibre chargé à balle, et jamais d'un fusil de chasse, qui serait pour vous un sujet perpétuel de tentation à tirer le lapin.

Vous savez, et vous devez savoir mieux qu'un autre, que le loup qui médite une attaque s'avance toujours contre le vent, afin que les chiens et le troupeau ne puissent pas sentir l'odeur infecte qu'il exhale, et qu'il exécute le plus ordinairement ses plans de campagne durant les nuits les plus sombres et les orages les plus violens.

Le parc destiné à renfermer quatre cent cinquante bêtes de grandeur moyenne, y compris cent agneaux, doit être composé de soixante-une claies, ayant quatre pieds de hauteur et huit pieds de long, qui se réduisent à sept pieds quand on les a ajustées entre elles. Il doit être partagé dans son milieu par sept claies, de manière à ce qu'on puisse, en en enlevant une, faire passer le troupeau toutes les quatre heures d'une moitié du parc dans l'autre.

Un parc de six cents bêtes placé sur une terre froide et argileuse suffit, en trois nuits, pour fumer un arpent de quarante mille pieds carrés; d'où il suit qu'une seule bête ovine fume, en une nuit, un carré rectangle, dont chaque côté, égal à une longueur et demie de la bête et ayant quatre pieds neuf pouces, donne pour superficie vingt deux pieds vingt-deux centièmes carrés.

Quant à la bibliothéque renfermée dans votre maison roulante, au lieu de la Belle au bois dormant, du Petit Albert, du Manuel de saint Ignace, et de l'Élixir de Béatitude, qui sont la lecture ordinaire des bergers, et qui remplissent leur esprit de mille sottes superstitions, procurez-vous le Catéchisme des Bergers, par d'Aubenton; le Traité sur la Monte et l'Agnelage, de M. Morel de Vindé (1); l'Instruction élémentaire adressée aux bergers de la Haute-Saône, par M. Marc; l'Instruction sur les bêtes à laine, contenant la manière de former de bons troupeaux, par M. Tessier; le nouveau Traité sur la laine et sur les moutons, par MM. Perrault, Fabry et Girod de l'Ain, et les Observations sur les bêtes à laine, faites dans les environs de Genève pendant vingt ans, par Lullin.

Quant à la bergère, votre épouse, elle doit être simple dans sa mise comme le matin d'un beau jour. Elle ne doit se livrer à une grande toilette que le jour de la tonte et la veille de Noël, pour

---

(1) Annales de l'Agriculture française, tomes 52, 56, 61.

figurer à la fête de la crèche, si on la célèbre encore dans votre paroisse. Comme vous, elle doit être parfumée de petit-lait, et être odoriférante comme une fouine sortant de son nid. Je n'aime pas à apprendre qu'elle va et vient sans cesse dans les boucheries des environs, et qu'elle n'en revient jamais sans apporter quelques pieds de mouton ou d'autres pièces de pot au feu. Je n'aimerais pas à la voir le matin se rafraîchir d'un petit verre avec les marchands de bestiaux, et s'échauffant le soir en dansant dans le cabaret voisin avec les marchands de laine, vendant toutes sortes de grosses et menues denrées, n'en achetant aucune, et ne rentrant jamais au logis les mains nettes.

AVIS AUX FERMIERS

SUR LA MANIÈRE D'ÉLEVER LES PORCS.

Pour obtenir et propager de bonnes espèces, il faut choisir un verrat qui ait la tête grosse, les yeux ardens, la soie épaisse et rude; le tenir enfermé avec la truie, durant un mois, et choisir, pour cette opération, le mois de novembre ou celui de décembre, si l'on veut avoir des cochons de lait en février ou en mars. La femelle une fois pleine, on doit en séparer le verrat, qui, depuis deux ans jusqu'à dix, peut suffire à vingt truies. Passé l'âge de huit à dix ans, on doit mutiler le mâle ainsi que la femelle, parce qu'ils ne peuvent, à cet âge, donner que des produits inférieurs, et les mettre ensuite à l'engrais. La truie se laisse saillir par le verrat, quoique déjà pleine, ce que ne fait point la laie, et dans les bois elle reçoit le ragot, tandis que la laie se refuse au verrat. Parmi les douze mamelles dont la truie est pourvue, il n'y en a point de spécialement attachée à chacun des cochonnets; ils prennent indifféremment l'une ou l'autre, et même il leur arrive parfois de s'adresser à d'autres nourrices que leur mère quand ils les trouvent sur le chemin. Ces mauvaises mœurs n'ont pas lieu parmi les sangliers et les laies des bois; mais, d'un autre côté, on doit cette justice au cochon domestique, qu'il porte plus loin que les animaux sauvages l'esprit d'association. Le mauvais traitement exercé sur l'un d'eux met toute leur république en insurrection. Au premier cri d'un frère ou d'une sœur opprimée, ils se souviennent que la violence exercée sur un seul est l'affaire de tous; ils s'attroupent, et, avant de se déclarer la guerre, ils poussent des cris affreux; ils caressent, lèchent et secourent la victime qu'on opprime; ils mordent aux jambes leurs oppresseurs, et c'est ainsi qu'ils conservent la maxime controversée dans les sociétés humaines, et toujours en honneur dans la leur, que l'insurrection est le plus saint des devoirs. Ainsi que dans les insurrections populaires, les plus vieilles sont plus hargneuses et plus acharnées que les jeunes, et les cochons de lait plus hardis que les verrats. Quoique les femelles ne soient pourvues que de douze mamelles, il leur arrive quelquefois de donner naissance à vingt porcs. On donne alors à la truie beaucoup de laitue, qui augmente en elle la quantité de lait, ou bien on nourrit avec du lait de vache le jeune porc, que l'on vend au bout de trois semaines comme cochon de lait. L'allaitement du porc ne doit pas durer au delà de vingt et un jours.

L'habitation du cochon, ou autrement le toit à porcs, doit être propre, aéré, pavé de grès ou blettonné, en conservant la pente qui est nécessaire pour l'écoulement des urines en dehors. Au devant de l'habitation doit être placée une petite basse-cour, dans laquelle l'animal puisse aller librement faire ses ordures, et se vautrer pour se rafraîchir. Son tempérament particulier est un état permanent de chaleur qui lui fait soulever, avec le boutoir, les terres argileuses, ou fouiller dans les terres boueuses pour y chercher le frais. C'est d'après cette considération que son traitement le plus ordinaire doit consister en trèfles, luzerne et graines, qui le rafraîchissent, plutôt qu'en avoines grillées, qui ne sont nécessaires pour l'échauffer que dans des cas très-rares.

Malgré sa mauvaise réputation, le cochon aime la propreté autant qu'aucun autre animal, et, quand il s'est délecté dans des boues fraîches, il ne faut jamais manquer de l'essuyer, de l'éponger, et de flatter les femelles en les chatouillant sous le ventre. Les mêmes motifs exigent qu'on change fréquemment ses litières, qui ne sont pas appréciées dans les fermes tout ce qu'elles valent. Lorsqu'on les a laissées long-temps fermenter, et qu'on les a mêlées avec d'autres engrais animaux, il n'y a pas de meilleur engrais pour les terres froides et alumineuses. On doit établir entre la laiterie et le toit à porcs un canal qui conduise le petit lait et les lavages dans leur auge, et l'on doit adopter un moyen semblable pour y porter les eaux de vaisselle qui coulent par les éviers.

Le cochon, nourri de lait sur les montagnes où paissent de grands troupeaux de bêtes laitières, a la chair molle et fade; nourri de gland, sa chair est plus ferme et plus savoureuse. Tant qu'il n'est pas à l'engrais, il lui faut fournir des boissons abondantes, composées d'eaux grasses et savonneuses, épaissies avec des fécules ou des racines broyées et relevées avec des tourteaux de colza ou des pains de noix, que l'on nomme, dans le Midi, *pètillon*. Quand on a commencé le dernier engraissage, il faut donner peu de boisson, et l'on ne doit le commencer que lorsque l'accroissement de la bête est fini. Les légumes cuits, servis tièdes et un peu liquides sont ce qui convient le mieux. Dans la cuisson, les principes du végétal se développent et acquièrent la saveur et l'odeur qui plaisent à l'animal. La première graisse s'acquiert dans les bois, soit à la glandée, soit à la faîne. On afferme la glandée d'un bois, et chaque jour on y conduit les troupeaux de porcs durant deux ou trois mois. Ils y mangent non-seulement les glands et les faînes, mais encore les vers, les lézards, les serpens, et tout ce qu'ils peuvent y rencontrer appartenant au règne animal. Leur santé s'y fortifie, ils y prennent la chair plus ferme, et leur tempérament s'y dispose d'autant mieux au dernier engraissage. Un porcher ne peut jamais gouverner plus de trente porcs; et s'il se trouve, dans le trajet de l'étable au bois, des cultures renfermées par des haies, on applique sur le poitrail de la bête un triangle de bois qui lui ôte le pouvoir d'enfoncer les haies, les palissades, et de pénétrer dans des taillis jeunes et bien fourrés. Les futaies séculaires et les vieux gaulis sont les seuls bois où l'on puisse permettre de faire paître les porcs. Dans les taillis au-dessous de quarante ans, ils commettent des dégâts et des dommages considérables.

On a remarqué que la faîne donne un lard jaune qui passe facilement au rance, et une chair qui n'a pas une saveur égale à celle que donne le gland, et que rien ne donne un meilleur goût au cochon que la racine et la tige de fougère. C'est à cette plante que l'on attribue la grande renommée dont jouissent les jambons de Bayonne et principalement les cochons de Madère.

Ce qui convient mieux au cochon engraissé dans l'étable, et ce qui est le plus communément à la portée des fermiers et des cultivateurs, ce sont les racines ou les tubercules, tels que carottes, topinambours, pommes-de-terre, betteraves champêtres, broyés ou coupés en tranches et assaisonnés avec des eaux grasses. On engraisse aussi les cochons avec le trèfle et la luzerne, mais il faut ne les leur laisser manger que lorsqu'ils ne sont pas couverts de rosée, et en petite quantité, parce qu'ils sont sujets, quoique non ruminans, aux mêmes coliques que les bêtes qui ont une double panse. Cependant, dans quelques contrées d'Angleterre, on les parque dans des carrés de luzerne, dont on circonscrit chaque jour l'espace dans une proportion suffisante pour leur nourriture quotidienne. Non-seulement ils mangent l'herbe, mais ils labourent le sol, l'ameublissent, l'émiettent, l'aèrent avec leur grouin, le fument, et le disposent ainsi à recevoir une semence nouvelle. Pour arracher les pommes-de-terre et les topinambours, il n'existe pas de meilleur ouvrier que le porc, et nul autre animal ne peut se flatter d'avoir le flair aussi délicat que lui pour découvrir la truffe. Dans quelques maigres cantons d'Angleterre on attelle, dit-on, un âne et un cochon à une légère binette. Tout en la tirant, le cochon fouille à droite et à gauche avec son grouin, et donne ainsi un double labour, et, tandis qu'il travaille et qu'il mange, son sobre compagnon de labour attend et rumine.

Pour donner le dernier degré de fin à l'engraissage, et huit jours seulement avant qu'il soit terminé, on ne doit employer que des grains et de la farine. Il faut pratiquer dans l'étable autant de stalles que vous avez de porcs à engraisser. Quand la bête a été bien préparée, six semaines suffisent, et alors elle ne sort plus de sa stalle. Il lui faut un repos, un silence, une obscurité parfaite. Il faut chasser les grogneurs et les ronfleurs de l'étable, parce qu'ils pourraient, par leurs grognemens et leurs ronflemens, nuire au repos de l'engraissé. On a remarqué que l'engraissage se fait mieux par les temps de pluie et de brouillards que durant les grandes chaleurs. Ce que l'animal perd l'été dans les transpirations, il le gagne en graisse l'hiver dans le repos. On doit chercher à provoquer en lui le sommeil, en lui servant de l'ivraie, de la jusquiame, du stramonium, ou d'autres plantes narcotiques, mêlés avec ses alimens. Pour exciter son appétit, on lui donne peu d'abord, et on lui augmente successivement la dose de la nourriture, en le servant toujours à heure fixe et en variant l'espèce des denrées. Il faut lui donner assez, mais jamais trop, et c'est ce motif qui a sans doute inspiré l'idée d'une trémie placée au-dessus de l'auge, que l'animal relève avec son grouin quand il a appétit, et qui laisse échapper successivement une petite quantité de grain, assez petite pour exciter son appétit, et jamais assez abondante pour le dégoûter. C'est là une attention qui appartient à tout ce qu'il y a de plus délicat dans le service de la table. On y fait moins de façons lorsque, huit à quinze jours avant la fin de l'engraissage, on attache la bête par ses quatre pieds, afin qu'il ne lui reste d'autre mouvement que celui des mâchoires.

On tue toute l'année pour avoir du porc frais et du petit salé; mais les grandes salaisons ne se font que durant le froid, qui seul peut faire prendre le sel. Le saloir doit être construit en bois de chêne, et, avant de le remplir, on doit le laver avec de l'eau bouillante d'abord, et le passer ensuite à l'eau fraîche, le parfumer avec du cumin, de la lavande, du serpolet et d'autres herbes odoriférantes, et couvrir ensuite le fond d'une épaisse couche de sel. Sur cette première couche, on place les plus grosses pièces, que l'on couvre de sel, et ainsi de suite, de couche en couche, et en finissant par les plus petits morceaux, qui se trouvent suffisamment salés au bout de trois à quatre semaines. Le saloir doit être privé d'air, et par conséquent rarement ouvert et hermétiquement fermé par un couvercle. Il faut de cinq à dix livres de sel par quintal de cochon; mais il n'y a jamais de risque à en employer une plus grande quantité, parce que la viande ne prend jamais que ce qui lui est nécessaire pour en être saturée. Il faut apporter un choix particulier dans la qualité du sel, car on prétend que c'est à celui que fournit la fontaine de *Salies* que les jambons de Bayonne doivent leur supériorité. Dans une partie de l'Anjou, on engraisse les cochons avec le guy de chêne mêlé à la luzerne; dans quelques cantons de Bretagne avec des feuilles d'orme. Sur les côtes de l'Océan, où on les mène pâturer, ils mangent les poissons jetés par la marée sur les rivages, ils ouvrent les coquillages aussi bien que peut le faire l'écaillère la mieux exercée, et ils en avalent les mollusques.

Il y a diverses races de cochons : la normande, que l'on reconnaît à la petitesse de ses os et de sa tête, à ses pates menues, à ses oreilles étroites. On la nourrit avec des laitages, des trèfles, des luzernes, des grains. Le poids de quelques individus de cette race s'élève jusqu'à six quintaux. Il est remarquable que celle de nos provinces qui fournit la crème la plus épaisse, les fromages les plus gras et les beurres

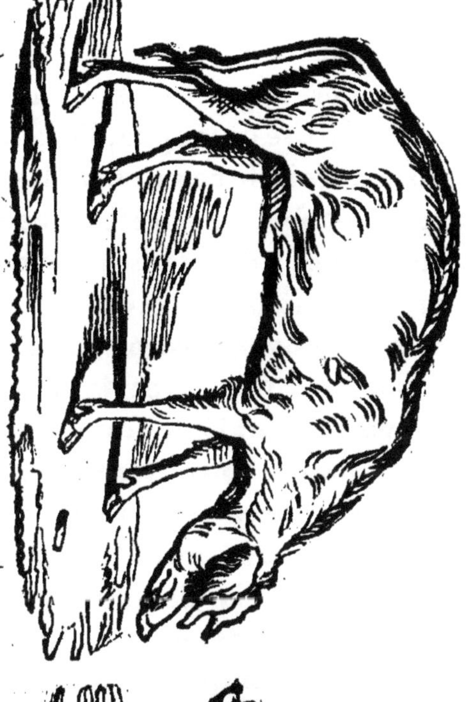

Cochon du Vercor.

Verrat normand.

les plus estimés, nous fournissent en même temps les meilleurs cochons.

La seconde race est la poitevine, de couleur blanche. Elle a la tête grosse et longue, l'oreille longue et pendante, le front droit, le cou alongé, les soies rudes, les pates longues et fortes, et cette race produit des individus dont le poids s'élève jusqu'à cinq quintaux.

La troisième race est la périgourdine. Poil noir et rude, cou gros et couvert, corps large et ramassé. De cette race noire, croisée avec la poitevine blanche, il est né une race mulâtre, de couleur pie, qui est réputée la meilleure entre toutes les races.

Depuis quelques années seulement on a introduit en France l'espèce de Siam, qui n'a que vingt pouces de hauteur et trente-trois de longueur. Tête implantée dans les omoplates, épine dorsale rectiligne et quelquefois un peu compacte, corps large, ventre bas, mamelles traînant à terre. Elle s'apprivoise facilement. Elle est parmi les porcs ce que le chien caniche est parmi les chiens. C'est le cochon d'appartement. Aussi l'élève-t-on dans le sein des villes. On connaît encore la race de Guinée et celle d'Andalousie.

La maladie la plus commune, dans toutes les races de cochons, c'est la ladrerie. Son siége est dans le tissu cellulaire. Le premier symptôme est la tristesse du malade, un changement dans la couleur de ses yeux, la lenteur dans ses mouvemens, et la diminution dans son appétit, la chute de ses soies, les bulbes qui les produisent devenues sanguinolentes; quand il est arrivé à son dernier période, le malade a peu de jours à vivre. Il fallait que cette maladie fût bien commune jadis, puisque le gouvernement établit à cette époque, à titre d'office, des *conseillers du roi jurés langueyeurs de porcs*, et l'on ne voit pas que cette Faculté d'origine royale ait jamais rendu d'autres services que celui de vous apprendre que tel cochon était ladre, que tel autre ne l'était point. Mais il a été fait, dans l'école vétérinaire d'Alfort, des observations qui sont bien d'une autre importance. A force d'observer les organes malades à la loupe, on a fini par s'apercevoir que les prétendus tubercules qui se manifestent dans toute l'habitude du corps, et particulièrement sur la langue, ne sont autre chose que les parois extérieures d'un petit sac dans lequel se renferme une hydatide qui germe, croît, se meut et s'y multiplie. On a vu distinctement cet animal sortir la tête de son sac, y rentrer et se mouvoir. L'axonge étant une substance particulière qui ne se trouve, avec toute sa pureté, que dans le cochon, il paraît qu'il y a un animal dont la fonction est de s'y établir exclusivement, et d'y vivre comme la chenille qui ne s'attache qu'au saule, le bombix qui se fixe sur le mûrier, et les œstres qui se fixent dans le cerveau ou dans les intestins des bêtes ovines. Du reste la chair des cochons ladres, quoique d'une qualité inférieure, n'est point malsaine. On s'aperçoit seulement en la mangeant que les tubercules croquent sous la dent.

Outre la ladrerie, qui est héréditaire, il y a la maladie de la soie, qui n'est autre chose qu'une sorte de charbon. Aussitôt qu'on s'aperçoit des bubons, on les arrache, on les brûle, on les cautérise, et sans cette précaution la gangrène gagne et le malade succombe en peu de jours. La vesce, qui est si favorable à la propagation des pigeons, est mortelle pour les cochons. Elle les épuise en excitant en eux trop de chaleur, et c'est ce qu'en termes de porcherie on nomme *cochon brûlé*.

Tandis que le cochon, plus heureux que Laocoon, triomphe des serpens les plus gros, les écrase, les tue, les mange, ainsi que les lézards et les vipères, un insecte qui vit dans les jardins, sous le nom de taupe-grillon, l'empoisonne, s'il a été assez malheureux pour l'avaler.

Dans les pays méridionaux, où les forces digestives sont débilitées par d'abondantes transpirations, on a cru long-temps que la viande de porc était malsaine, et l'on a proscrit le cochon comme un animal immonde. En Égypte, on sacrifiait des cochons à la lune, comme des victimes d'expiation. S'il arrivait à un Égyptien de toucher un cochon, la loi religieuse l'obligeait de se purifier dans les eaux du Nil. Cependant comme les préjugés n'infectent pas un pays tout entier, et qu'il y reste toujours quelques asiles secrets où la raison s'abrite contre leur invasion, il y avait en Égypte des porcs et des porchers; mais ceux-ci faisaient une classe à part, comme les parias de l'Indostan, et ils étaient exclus des temples comme les pestiférés.

P. S. Voyez le *Traité de la Cochonaille*, par le célèbre ingénieur Vauban, et le *Cultivateur*, ou Journal des progrès agricoles.

INSTRUCTION POUR LES VACHÈRES.

Vous devez vous lever, durant l'hiver, deux heures avant le jour, et durant l'été au point du jour. Aussitôt que vous êtes installée dans votre étable, vous devez éponger et bouchonner toutes les vaches, leur laver les yeux, essuyer celles qui ont conservé sur la peau des traces de poussière ou de terre, étriller celles qui se sont salies durant la nuit sur la litière, passer un bouchon de paille rude sur la tête et le cou du taureau, donner quelques poignées de grains aux veaux, quelques pincées de sel aux génisses, et vous rendre enfin dès le matin agréable et utile à tous les habitans et habitantes de l'étable, afin qu'ils puissent concevoir l'espérance d'une heureuse journée.

Cette race d'animaux est naturellement douce, docile et bonne; elle est même caressante. De toutes les races d'animaux domestiques, elle est celle qui prend le joug, se laisse traire, et obéit avec le moins de difficulté. Il ne s'agit que de cultiver de bonne heure ses bonnes qualités, et de ne pas gâter ses heureuses dispositions par des accès de colère, par des mouvemens brusques et par de mauvais traitemens qui les irritent. — La vache qui, dans l'âge adulte, donne du pied, a été maltraitée quand elle était génisse; le taureau qui donne de la corne a enduré, lorsqu'il était veau, des injustices dont il garde le souvenir. La bonne vachère fait le bon troupeau lorsqu'elle le prend de bonne heure sous sa garde, et qu'elle l'élève depuis son bas âge.

J'ai été témoin de beaucoup de disputes entre des vaches et des vachères, et j'ai constamment remarqué que le tort était du côté de celles-ci. Les premières obéissent à des instincts qu'il faut connaître et satisfaire, les autres s'abandonnent le plus souvent à des caprices qu'on ne saurait définir. Les vaches ont des besoins, jamais des fantaisies. Si l'une d'elles perd son licou ou sa bricole, elle ne s'adresse pas à la plus vieille et à la plus édentée d'entre les vaches (c'est-à-dire à celle qui a le plus de nœuds et de cercles dans les cornes) pour lui lever le sort. Elle mugit, elle appelle avec amour le taureau, et quand il a fait son devoir, elle ne veut plus de lui, ni lui d'elle. Bel exemple donné par les animaux qui marchent sur quatre pieds

Il faut que l'étable soit propre, aérée, balayée, araignée, parce qu'elle n'est pas seulement le dortoir du bétail, elle est encore son réfectoire, et en quelque sorte son parloir. Il faut que l'air intérieur y soit maintenu à une température douce, égale, et plutôt basse qu'élevée; que la litière en soit enlevée trois ou quatre fois par semaine; et si l'infection continue, il faut enlever le pavé et les terres mêmes pour en substituer de nouveaux. A défaut de chlore, il faut brûler du genièvre et d'autres fleurs parfumées, laver a l'eau de lessive les auges et les râteliers, pratiquer sur les deux côtés de l'étable deux rigoles qui doivent conduire les urines dans une citerne placée à une certaine distance, et dans laquelle on les puise pour les porter dans les champs en saison convenable, comme on le fait en Suisse, en Hollande, et dans tous les pays où l'on fait une bonne agriculture.

Il faut que chaque vache ait dans l'étable un espace d'environ quatre pieds de large ; que la porte d'entrée en ait au moins cinq, pour qu'elles ne se blessent pas, en se précipitant pour y entrer ; que l'auge et le râtelier soient placés au milieu de l'étable, de manière que les deux rangs de vache soient en face l'un de l'autre ; que le plancher supérieur ait au moins quinze pieds de hauteur, et soit percé par des trappes au travers desquelles on fait passer le fourrage ; que l'auge soit en pierre dure et non en planches susceptibles de contracter une odeur infecte, lorsqu'elles ont été long-temps remplies de légumes et de boissons chaudes ; que le râtelier soit placé au-dessus, de manière que le fourrage échappé d'en haut soit retenu en bas, et ne tombe pas sur la litière ; que ce râtelier soit assez peu élevé pour que les bêtes qui portent la tête basse ne soient pas obligées de la lever trop haut, Cette auge et ce râtelier doivent être une fois par semaine passés à l'eau de lessive, ensuite à l'eau froide. Il est reconnu que la bête perd son appétit aussitôt qu'elle a flairé une mauvaise odeur.

Dès votre lever, vous devez donner à manger à vos bêtes, avant de songer à manger vous-même. Vous devez passer les grains au crible, et trier dans le fourrage les chardons et les plantes épineuses qui pourraient leur blesser la langue ou le palais.

Après avoir fait le service de l'étable, et que vos bêtes ont achevé leur déjeuner, vous les menez à l'abreuvoir; mais vous ne devez les conduire aux champs que lorsque la rosée est entièrement dissipée. Le taureau doit toujours être en tête du troupeau; retenu à l'attache dans l'étable, il y devient ombrageux. S'il fatigue les génisses dans les prés, on suspend à son cou le rouleau. Si le taureau est absent, il se présente toujours une vache qui, convaincue de la supériorité de son intelligence, prend le commandement du troupeau. Elle se met en qualité de reine à la tête de tous les mouvemens; toutes suivent docilement ses exemples, tant le besoin de l'obéissance à un chef se fait sentir dans une société quelconque.

Les génisses sont nubiles à dix-huit mois; mais, pour obtenir des élèves qui puissent devenir un jour de bonnes vaches laitières, il ne faut leur donner le taureau qu'à deux ans; et, pour obtenir d'elles de beaux élèves mâles, il faut qu'elles aient au moins trois ans. Il s'écoule donc un intervalle de dix-huit mois durant lequel les génisses éprouvent ces besoins vagues qui appartiennent plus particulièrement à l'adolescence.

C'est à vous qu'appartient une sage opposition à

des entreprises téméraires. Vous devez veiller dans les champs sur vos génisses, comme la maîtresse d'école de votre village veille sur les jeunes vierges confiées à ses soins. Elle éloigne de son pensionnat les téméraires qui viennent agacer ses élèves. Lorsque vers le midi la chaleur devient excessive, vous devez mettre votre troupeau à l'ombre, soit sous l'abri de quelques arbres qui se trouvent dans la plaine, soit en les ramenant à l'étable.

Peu d'animaux, si ce n'est l'ours et le cochon, sont aussi sensibles à l'harmonie que l'espèce bovine. Aussi choisit-on les bouviers laboureurs plutôt au talent du chant qu'au mérite du labour. Aussitôt qu'il entonne sa chanson, vous voyez le bœuf secouer sa tête sous le joug, se hâter, donner plus d'activité à toutes les parties de son corps. On a vu des taureaux se battant avec violence, suspendre leurs fureurs belliqueuses pour écouter une belle voix, et ne rompre la trêve que lorsqu'elle cessait de se faire entendre. La femelle du bœuf, plus délicate que lui, doit être plus sensible encore à l'harmonie. Il est donc nécessaire qu'une vachère ait la voix forte et étendue dans les pays montueux, et que, soit en plaine, soit sur la montagne, elle sache les airs qui plaisent à son troupeau, pour le mener à l'abreuvoir, le conduire aux champs ou à l'ombre dans les bois, ou pour le ramener le soir à l'étable. Il y a dans les prairies et les grandes vacheries de la Suisse des rhythmes arrêtés et convenus pour la garde et les diverses évolutions des troupeaux, et qui sont aussi anciens et aussi invariables que le plain-chant.

La femelle du veau devient génisse à dix-huit mois; mais elle ne doit devenir vache qu'à deux ou trois ans, et, suivant la nature particulière de ses organes digestifs, elle devient vache laitière, vache beurrière, ou vache fromagère. A l'âge de douze ans, et lorsqu'elle a fait sept ou huit veaux, elle devient vache douairière. On lui dresse alors une bonne table, on l'engraisse, et elle se console de la perte de ses jeunes attraits par le nouvel embompoint qu'elle acquiert, et qui est comme le regain d'une jeunesse qu'on croyait évanouie et qui semble renaître. Pour accélérer la pléthore graisseuse, on lui fait plusieurs saignées. Si l'engraissage ou l'engraissement s'opère avec des grains ou des tubercules, sa chair est ferme et savoureuse; si c'est avec des fourrages verts et des légumes frais, elle est molle.

La vache qui, dans l'état naturel, ne doit entrer en chaleur qu'une ou deux fois par an, réduite en domesticité, éprouve ce besoin tous les vingt et un jours. La présence perpétuelle des taureaux y contribue sans doute pour beaucoup. C'est dans cet état qu'on la conduit au taureau. Comme la gestation dure neuf mois et demi, on fixe l'époque de l'accouplement vers la fin de l'été, afin que le vêlement ait lieu au printemps, époque où la mère et le nouveau-né trouveront une nourriture plus succulente. Quelques semaines avant l'accouplement, on donne à la génisse une nourriture plus soignée,

www.ingramcontent.com/pod-product-compliance
Ingram Content Group UK Ltd.
Pitfield, Milton Keynes, MK11 3LW, UK
UKHW022154170726
13837UKWH00004B/1982